ESSAI

SUR

LA VIE, LES OPINIONS ET LES OUVRAGES

DE

Barthélemy Faujas de St-Fond,

ADMINISTRATEUR DU JARDIN DU ROI,

PROFESSEUR DE GÉOLOGIE AU MUSÉUM D'HISTOIRE NATURELLE,

MEMBRE DE DIVERSES SOCIÉTÉS SAVANTES ; ET CHEVALIER DE LA LÉGION D'HONNEUR ;

PAR DE FREYCINET, PROPRIÉTAIRE.

Le rendez-vous d'honneur est dans un meilleur monde.

ODE SUR L'ESPÉRANCE,
Par MICHELET, *Officier de la Garde Royale.*

A VALENCE,

DE L'IMPRIMERIE DE JACQUES MONTAL, IMPRIMEUR DU ROI.

1820.

AVANT-PROPOS.

Un homme s'est élevé par son génie et par ses connaissances au‑dessus des lumières de son siècle ; il a réduit en principes exacts et en étude simple ce qui jusqu'alors ne fut présenté que comme hypothétique et ne fut publié que sous la forme d'un système (la géologie). Cet homme a droit à la reconnaissance publique, et dès‑lors, assez grand par lui‑même, il a mérité de servir de modèle, et les différentes périodes de sa vie, de ses expériences et de ses méthodes, appartiennent aux amis de la science, au moraliste, au logicien, au véritable philosophe : car dans tous les temps on s'est plu à faire un objet de méditation des phases particulières au développement intellectuel d'un tel homme.

ESSAI

SUR

LA VIE, LES OPINIONS ET LES OUVRAGES

DE

Barthélemy Faujas de St-Fond,

ADMINISTRATEUR DU JARDIN DU ROI,

PROFESSEUR DE GÉOLOGIE AU MUSÉUM D'HISTOIRE NATURELLE,

MEMBRE DE DIVERSES SOCIÉTÉS SAVANTES, ET CHEVALIER DE LA LÉGION D'HONNEUR.

HISTORIQUE.

Barthélemy Faujas de Saint-Fond naquit à Montélimar, département de la Drôme, le 17 mai 1741, de parens honorables : son père et son aïeul furent distingués par une rare connaissance des affaires et des lois ; les actes qui portent leurs signatures, sont encore recherchés comme des modèles dans l'art de bien stipuler.

Barthélemy Faujas fut donc à portée de jouir dans son enfance de l'éducation précieuse de l'exemple et de tout ce que lui offrirent l'urbanité, de bonté, de vertus, ses père et mère.

Dès l'âge de douze ans, ayant épuisé les soins des premières instructions, le jeune Faujas se rendit à Lyon, au collége des Jésuites; il y passa plusieurs années, confié à la direction et au mérite d'un professeur digne de sa haute réputation (1). Il parcourut avec autant de rapidité que de succès diverses classes, qu'il sut approfondir : les professeurs eux-mêmes en furent étonnés (2). Il quitta Lyon à l'âge de 17 ans, se rendit à Grenoble pour faire son droit et y exercer au parlement la noble profession d'avocat.

M. Faujas ne tarda pas à se faire distinguer à Grenoble : recherché d'abord par les sociétés aimables, bientôt des magistrats eux-mêmes ne craignirent point d'appeler à eux un homme jeune encore, mais qui plus d'une fois, dans des discussions politiques, porta le flambeau d'un jugement profond : bientôt aussi il se lia étroitement avec les *Guétard*, les *Élisée*, etc.; partout où la science comptait un disciple distingué, là aussi se trouvait Barthélemy Faujas. Ses momens étaient sagement distribués entre l'étude et la société de ceux qu'il reconnaissait pour

---

(1) Le père Amiot.

(2) Une femme âgée et pauvre habitait vis-à-vis du collége ; son occupation habituelle était de filer au fuseau : les nombreux élèves du pensionnat la voyaient chaque jour et l'agaçaient quelquefois. Dans un moment malheureux une charrette accroche le fuseau, le presse et l'enfonce dans le sein de cette infortunée, qui meurt sur-le-champ. Grande rumeur au collége : le principal, ému lui-même, propose un prix de composition dout l'objet était de peindre ce triste événement sous les couleurs et la forme d'une élégie en vers latins.

Ce fut Barthélemy Faujas qui remporta ce prix, et son professeur, après avoir applaudi à son talent, lui dit : « Jeune homme, votre facilité à faire des vers est très-grande; mais si vous voulez être heureux, ne soyez jamais poëte; attachez-vous aux hautes sciences, et soyez plutôt utile qu'agréable. » Il devint l'un et l'autre.

ses maîtres. Souvent il prenait un guide, escaladait les Alpes, visitait leurs admirables points de vue, leurs déchirures profondes, leurs neiges éternelles, leurs sources bienfaisantes, leurs plantes variées, leurs pétrifications diverses et les couches curieuses et étonnantes qui, se distribuant par zones, attestent dans les élémens qui les constituent, des bouleversemens immenses et l'amalgame de ce que la terre et les mers diluviennes, depuis la cime du pic le plus élevé, jusqu'au fond des plus effrayans abymes, ont à la fois de plus disparate et de plus régulier. Tantôt dominant sur un vaste horizon, portant ses regards sur les confins de différentes provinces, loin d'être humilié de sa petitesse relative, il se sentait enflammé du plus ardent désir de tout connaître; et tandis que tant d'hommes médiocres sont écrasés par l'immensité majestueuse, par les beautés terribles de ces étonnantes masses, Barthélemy Faujas se relevait de ses contemplations plus énergique dans sa volonté, plus grand dans ses études, plus touché dans ses sentimens et plus sublime dans les besoins de son génie. Il marqua dès-lors sa place dans l'ordre social; dès-lors aussi rien n'a pu le détourner de la marche méthodique qui l'a conduit à la première chaire nationale, pour y professer la géologie.

Cependant en 1765, parvenu à sa 24.ᵉ année, il fut rappelé à Montélimar au milieu de sa famille, et comblé des témoignages d'intérêt que lui donnèrent des parens pleins d'affection, lorsqu'ils voulurent lui assurer sur ses foyers la place honorable de président au tribunal de la sénéchaussée : ce projet fut réalisé par eux, en relevant cette place des parties casuelles et en fournissant la finance nécessaire.

Le jeune Faujas ne comptait pas par les années; l'échelle de son mérite avait une autre graduation : il occupa cette charge avec une maturité au-dessus de son âge, et bientôt il fut distingué parmi des magistrats qui joignaient l'expérience au talent. Barthélemy Faujas était au niveau de ses devoirs, et il était facile de prévoir combien il pouvait s'élever au-dessus. Ainsi s'écoulèrent plusieurs années, cependant toujours avec une forte répugnance à appliquer la loi dans les cas de la peine capitale. La profonde sensibilité de ce magistrat s'accrut au point qu'il résolut de renoncer à des actes devenus si pénibles pour lui, et de reprendre, avec un dévoûment plus entier, l'étude de la nature et le délassement des lettres : c'est à quoi sans cesse il se sentait entraîné, malgré le peu de faveur que de pareilles études avaient auprès de ses concitoyens et de sa famille elle-même, trop imprévoyante sur les résultats brillans et solides que le talent peut amener, lorsqu'il s'élève au-dessus du mérite vulgaire.

Cependant la piété filiale retardait encore le moment fixé pour ce changement, lorsque pour dernière opposition et par un événement qui eût neutralisé un goût moins prononcé, Barthé-lemy Faujas, aussi susceptible de passion que de profondeur dans ses plans, lia sa destinée par les nœuds de l'hymen à *Marguerite Richon*, jeune héritière, dont la fortune présentait un moyen de bonheur, comme ses agrémens personnels en laissaient espérer la durée.

Vainement la prévoyance humaine s'était emparée, sous tant de rapports, d'un homme assez mûr pour en respecter le but ; vainement quelques années parurent s'écouler dans cette espérance ; elles donnèrent à ces époux des gages bien solides, par la naissance de plusieurs enfans, dont les survivans sont MM. Faujas, aîné, propriétaire, Alexandre Faujas, maréchal-de-camp, et Bernard Faujas de Saint-Fond, capitaine : mais la destinée de Barthélemy Faujas fut fidèle à sa direction première.

Ces circonstances, ces motifs puissans, étaient des chaînes

naturelles ; elles retardèrent l'action, mais ne firent point céder la volonté. Barthélemy Faujas continua ses études, forma ses plans et ouvrit dès 1776 une correspondance avec le célébre Buffon, correspondance qui, devenue intime, appela à Paris le jeune savant : Buffon le produisit au milieu des hommes les plus habiles, dans les sociétés les plus distinguées de la capitale : la marche de Barthélemy Faujas fut rapide, et porta avec elle de précieux témoignages en faveur de son mérite.

En 1779 Barthélemy Faujas avait déjà publié divers ouvrages ; les principaux étaient des *Notes étendues et des sommaires sur Bernard Palissy* ; ses *Recherches sur la province de Dauphiné*, et son grand ouvrage sous le titre de *Recherches sur les volcans éteints du Vivarais et du Velay.*

Sur la demande de l'illustre Buffon, et par lettres-patentes du Roi du 8 novembre 1778, soutenues par déclaration de Sa Majesté du 7 janvier 1779, Barthélemy Faujas fut nommé adjoint aux travaux du jardin du Roi, aux appointemens de 6,000 fr.

Ces appointemens furent confirmés par décision du Roi, signée de sa main, en date du 4 mai 1785.

La même année et le 1.er mai, Barthélemy Faujas fut encore nommé commissaire du Roi pour les mines, signé *de Calonne.*

En 1786, le Roi attacha à cette place de commissaire pour les mines 4,000 fr. d'appointemens.

Le 1.er mai 1788, par décision contre-signée *le Baron de Breteuil*, Sa Majesté confirma de nouveau les appointemens de 6,000 fr. en faveur de la place d'adjoint aux travaux du jardin du Roi, dont la survivance était promise à Barthélemy Faujas.

Ces appels flatteurs, ces nominations réitérées, les traitemens que le Roi y avait attachés, sont, autant par leur forme que par leur essence, des titres glorieux, toujours et successivement confirmés, dont Barthélemy Faujas connaissait le mérite et se sentait digne par sa persévérance à multiplier et à étendre ses connaissances. Ces diverses places exigeaient des recherches et de fréquens voyages, auxquels le gouvernement attachait des gratifications propres à lier en un grand tout le mérite, les honneurs et la fortune.

Non-seulement Barthélemy Faujas enrichissait la science par divers opuscules relatifs à l'histoire naturelle, par les nombreux mémoires qu'il publiait, mais encore il donnait à l'Europe un ouvrage considérable sur la minéralogie des volcans, avec description de toutes les substances produites ou rejetées par les feux souterrains. En même temps il mettait au jour ses recherches sur la pouzolane et la manière de l'employer, comme il publiait l'histoire naturelle des roches de trapp, et préparait de nouveaux ouvrages.

Sans doute il est plus facile de se faire une idée de l'activité soutenue du savant Faujas, que de comprendre tout le mérite de ses méditations et du développement qu'il a su leur donner.

Ses voyages annuels ont eu lieu en France dans une grande partie des provinces et particulièrement dans le Dauphiné, l'Ile-de-France, la Bourgogne, le Bourbonnais, le Vivarais, le Languedoc, la Provence et les Alpes.

A l'extérieur, il a parcouru l'Angleterre, l'Écosse, les Hébrides, l'Allemagne, les Pays-Bas, la Lombardie, le Milanais, l'Italie, le Mantouan, Venise, le Piémont, la Hollande, la Bohême, la Carinthie, etc.

Il est juste, en développant l'utilité de voyages aussi étendus et aussi répétés, d'insister sur les faits, leurs résultats et leurs succès.

Barthélemy Faujas, bien convaincu que le globe terrestre avait été successivement façonné par les feux souterrains et par l'action des mers, s'attacha surtout à reconnaître les effets diluviens; effets merveilleux, comme tout ce qui sort des mains de la nature, de cette nature si grande et si sublime dans toutes ses opérations.

La matière n'est point inerte, elle se modifie sans cesse, mais seulement selon les lois qui lui furent imposées. L'eau, l'air et le feu, comme tant d'autres attributs, sont les causes secondes que la puissance divine semblerait avoir instituées pour servir de leviers aux immenses opérations qu'exige le long espace des siècles : le temps n'est rien, puisque les bornes en sont infinies et échappent à la pensée; mais la contexture du globe terrestre atteste des révolutions successives, dans lesquelles le feu et l'eau ont laissé des traces aussi régulières qu'elles sont incommensurables. Ces caractères sont manifestes; il suffit de les étudier pour parvenir à lire dans ce livre que la puissance suprême a mis à notre portée. Heureux qui en acquiert la science, et plus heureux sans doute qui y reconnaît le type de l'architecte éternel!

Cette digression a pour but de prouver que la haute science se laisse inspecter par l'humaine faiblesse, et de prouver aussi que Barthélemy Faujas, par une attention soutenue et un génie heureusement organisé, a retrouvé et décrit ces preuves authentiques des révolutions; et remontant incessamment des effets aux causes premières, il a pu ajouter aux théories plus ou moins anciennes des conceptions moins imparfaites.

Ainsi, reconnaissant, par exemple, que l'eau a sillonné la terre, que l'eau a pu détruire et fonder des montagnes, qu'elle a approfondi des vallées et nivelé des plaines immenses, tout devient évident par les couches successives dont la croûte du globe, sur une prodigieuse épaisseur, a reçu le dépôt; dépôt qui se compose des mélanges marins comme des mélanges terrestres, des animaux et des plantes que recèle la mer, comme des animaux et de la forte végétation qui parent la superficie de notre planète. De là naît la conviction que les eaux ont agi par zones ; que les diverses matières déposées affectent une ligne perpendiculaire dans un horizon assez régulier : les accidens nombreux en pareille matière forment des exceptions à la règle. Ici le savant géologue Faujas apporte de nombreux exemples ; les cailloux roulés, les coquilles marines, les corps fossiles, d'immenses dépôts de quadrupèdes terrestres, des mines de fer, de charbon, de plomb, d'alun, de vitriol, de houille, de kaolin, de pouzolane, de basalte, de terre à poterie, de terre propre aux briques flottantes, sont des résultats indiqués par sa théorie nouvelle.

Le lecteur pardonnera ce coup d'œil trop rapide sur les travaux de Barthélemy Faujas : la nature d'un simple essai est nécessairement circonscrite ; mais ses divers cours et les ouvrages publiés par ce savant indiqueront le complément de ses doctrines. Les éditions données par Barthélemy Faujas portent sur cinquante ouvrages, dont les titres formeront une table à la suite de ce mémoire : les ouvrages inédits y seront également mentionnés.

Barthélemy Faujas dut beaucoup à l'heureuse intimité qui s'était établie entre le grand peintre de la nature (l'illustre Buffon) et lui : sans doute un si grand modèle, véritable constellation, attira dans son orbite un jeune émule, digne aussi d'étudier la nature. Buffon voulut qu'à l'abri de son aile protectrice, son intéressant ami suivît la route de l'immortalité : d'ailleurs fidèle aux nobles sentimens que nourrissait son cœur, il légua à son successeur une partie de lui-même (*son cervelet*), comme déjà il lui avait légué sa place au jardin du Roi, en provoquant auprès de Sa Majesté la nomination d'adjoint aux travaux du muséum.

La patrie et les sciences eurent bientôt à regretter la perte du savant Buffon : Barthélemy Faujas en fut vivement affecté; mais ce n'étaient pas des larmes stériles qu'il devait à son immortel ami; bientôt animé d'un zèle nouveau, il publia de nouveaux ouvrages, fruits de nouvelles méditations. Mais voulant resserrer la mesure de ses travaux, il finit par porter ses efforts et par les concentrer sur la géologie. Les cours annuels qu'il professa depuis, furent marqués par des succès : cette belle étude, d'abord conjecturale, reçut des développemens positifs ; plus forte alors du caractère méthodique dont elle se para, elle offrit enfin des démonstrations mathématiques, et s'établit dès-lors sur une base solide; base capable de soutenir un édifice immense, tel qu'il se présente à construire. Mais, loin d'improviser cette espérance des siècles, Barthélemy Faujas eut la sagesse de borner sa gloire à en dessiner le plan, et à léguer à ses suc-cesseurs les précieux matériaux recueillis par son génie. Les leçons annuelles de ce savant professeur se recommandent encore par un style simple, nombreux et attachant. Ce mérite fut particulièrement senti dans le discours d'ouverture qu'il prononça dans la session de 1818, en présence d'un auditoire aussi nom-breux que distingué par de grands talens et des personnages augustes. Les applaudissemens qui lui furent prodigués dans cette occasion, sont de nature à consoler de quelques machinations de l'envie. Barthélemy Faujas convenait à cette époque qu'il ne lui restait à désirer que du temps et de la vie.... Sa gloire est incontestable.

A Paris la modeste habitation de ce savant professeur continua d'être le rendez-vous du vrai mérite : les hommes empressés de la science y étaient admis : aucune communication, aucun renseignement ne leur étaient refusés; souvent même la main de Barthélemy Faujas sut ignorer ce que les sentimens de son cœur offraient à l'infortune. Avide de toutes les communications lumineuses, de toutes les saines doctrines, rien ne lui rendait trop chère une vérité nouvelle, une méthode plus simple ou plus utile. Compatriote des hommes studieux de tous les pays, il les recherchait avec soin.

Avec une passion aussi développée pour les connaissances naturelles et des habitudes à la fois aussi douces et aussi simples, Barthélemy Faujas eut plus qu'un autre à souffrir d'une révolution qui attaqua la société dans ses fondemens, le gouvernement dans ses droits sacrés, la religion dans ses consolations sublimes : les novateurs se couvrirent d'un crêpe funèbre; hélas! les victimes furent innombrables.

Dans ces temps d'une terreur sauvage, dans ces momens d'effroi, l'appui de Barthélemy Faujas et ses heures précieuses appartinrent aux malheureux : il ne leur refusa jamais ce que pour eux il put se flatter d'obtenir; s'exposant par ses démarches et par ses sollicitations, il sut remplir la tâche d'un cœur vertueux, également éloigné de la publicité de ses sentimens et d'une froide insensibilité. Ce serait mal répondre à ses vœux que de livrer à la renommée ce qu'il voulut n'être connu que de lui. Oh! vous, ses amis, vous ne l'avez pas oublié! rien n'est gravé sur sa tombe, mais si vous parcouriez jamais des rives lointaines, si vous parveniez aux extrémités du monde, vous y rencontreriez le *piton volcanique* et le *cap Faujas* (1), ainsi nommés en l'honneur de ce savant illustre.

La circonstance suivante, appartenant aux plus nobles motifs, peint d'un seul trait Barthélemy Faujas. Dévoué à ses Rois,

---

(1) Voyez le *Voyage de découvertes aux Terres Australes*, grand atlas géographique, cartes N.ºs 8 et 9, par Louis Freycinet, commandant le *Casuarina* pendant le voyage, auteur de l'atlas.

mais appelé par une des assemblées nationales qui réunissait tous les pouvoirs, il fut averti de faire renouveler par elle ses titres aux diverses places qu'il occupait, ainsi que ceux des traitemens divers qui en étaient la conséquence. Jaloux de conserver des marques honorables et des titres positifs obtenus d'un gouvernement qui avait voulu récompenser ses efforts et ses nobles travaux, il ne put se déterminer et ne voulut jamais se départir des titres originaux (1) pour recevoir en échange des titres nouveaux; au risque de tout perdre (et en effet il perdit tout, à l'exception du traitement de 6,000 fr. attaché à sa place au muséum, et cette exception, due au hasard, résulte simplement de la notoriété qui fut l'effet du budget général de l'administration du muséum). La privation de ses autres traitemens n'a pu être réparée, même depuis la restauration, et Barthélemy Faujas est mort en sollicitant vainement cet acte de justice.

Les qualités personnelles de Barthélemy Faujas ont été appréciées par les hommes dignes d'en jouir ; elles le rendaient cher à ceux qui vivaient dans son intimité. On trouve le tableau d'un mérite si rare dans l'éloge publié à Bruxelles, en 1819, par Bory Saint-Vincent, dont nous transcrivons le texte.

« D'un commerce agréable dans le monde, affectueux,
» communicatif, généreux, doué d'un esprit solide et d'un
» cœur élevé, Barthélemy Faüjas encourageait les arts et les
» sciences; la plus grande partie de sa fortune était employée
» à acquérir ces productions. Jamais savant ne fit plus travailler
» à ses frais les dessinateurs, les graveurs et les peintres. Il eut
» pour amis tous ceux qui eurent le rare avantage de le
» connaître intimement. N'ayant jamais flatté le pouvoir, il

---

(1) Ces titres originaux existent.

» n'obtint pas les faveurs des divers gouvernemens qui se sont
» succédés : nul corps savant ne prononcera peut-être d'éloge sur
». sa cendre ; *mais cette cendre n'en reposera pas moins dans le*
» *sein de l'immortalité.* »

Oui, Barthélemy Faujas fit tout pour mériter et rien pour
obtenir. Sa conversation simple, aimable, attachait à sa
société l'homme du premier mérite comme l'homme ordinaire :
tous, sous un tel professeur, rencontraient l'instruction et
trouvaient des fleurs sur la route épineuse des plus hautes
sciences.

Pendant les dernières années Barthélemy Faujas partageait
son temps et ses séjours entre Paris et son domaine de Saint-
Fond près Loriol, en Dauphiné : ici un site heureux et un
air pur, le soin de ses jardins, quelques travaux champêtres et
ses études lui donnaient des forces nouvelles : sa santé, chan-
celante à Paris, se rétablissait à Saint-Fond. C'est ainsi, nobles
fonctions agricoles, que vous traitez vos disciples.

Pendant son dernier séjour, il me remit le compte des arbres
verds qu'il avait plantés de ses mains, et qui tous, d'une grande
force, avaient singulièrement prospéré ; leur nombre s'élève à
1,345 pieds. Il ne fit point le compte des autres arbres qui
tiennent plus particulièrement à l'agriculture, tels que muriers,
noyers, peupliers ; cependant ces arbres y sont en grand nombre.

Dans cette agréable habitation, Barthélemy Faujas était visité
par beaucoup d'hommes qui, plus ou moins instruits, cherchaient
une conversation aimable et une instruction facile qui semblaient
naître de la retraite de ce savant et y fixer un juste sentiment
de respect. La veille de sa mort, le soir du 17 juillet, au
moment où un ciel pur présentait la voûte étoilée dans sa
magnificence, il entretint son auditoire du mouvement irrégulier
des comètes et de la méthode par laquelle la science le calcule.

Reviendrai-je encore sur les momens pendant lesquels une société moins générale se réunissait auprès du sage qui la présidait? ne serait-ce pas abuser du mérite des contrastes que de rappeler le plus simple banquet, animé par des pensées pleines de sensibilité votées à l'hôte illustre et à sa compagne chérie? Oui, je le dirai (c'était pendant son dernier séjour à Saint-Fond), quelqu'un plaça au bas du portrait de Barthélemy Faujas ces mots :

POUR SA SCIENCE ——— *LE MONDE*,

POUR SA PATRIE ——— *SON CŒUR*,

POUR LES GRACES ——— *L'AMOUR*,

POUR L'HOMME ——— *L'AMITIÉ*,

POUR SES AMIS ——— *ESPRIT*, *SIMPLICITÉ*, *CANDEUR*,

ET POUR RETRAITE ——— *SES JARDINS*.

A la même époque on écrivit sur la porte extérieure :

DOMUS PARVULA , SED POSSESSOR MAXIMUS.
SENSUS ÆQUALIS.

Et sur la porte intérieure :

IN HAC VILLULA LATET INGENIO POTENS,

CUI TERRÆ MUTATIONES IMMENSÆ,

PENITISSIMÆ ET NEQUAQUAM MEMORATÆ

NON LATUERUNT.

J'ai vu cet homme sensible auprès de son ami malheureux :

« Oui, lui disait-il, ma bourse vous est ouverte, obligez-moi en y puisant; je n'ai pas amassé des richesses, parce que je n'ai connu d'autre trésor que la science, d'autre bonheur que l'amitié. »

Pendant quarante ans cet ami fut le premier dans le secret de son ami; les soins les plus délicats, les réflexions qui naissent du savoir, variaient tour-à-tour l'emploi des heures, et dans cette intimité elles venaient successivement consoler un cœur flétri par l'inconstante fortune. Cet échange de sentimens, ces procédés pleins de charmes, alimentaient une société éminemment utile. Ah! oui, l'amitié est le premier des biens, la première des consolations.

Illustre en géologie, sublime en amitié, Barthélemy Faujas fut aussi propre à porter la lumière dans les hautes sciences qu'il était digne d'ennoblir tous les sentimens. Il captivait l'admiration, et fondait en sa faveur l'union si rare d'une profonde estime à la douce chaleur de la plus pure affection. Auprès de lui tout s'enchaînait par l'abondance et par les grâces d'une conversation aussi variée qu'elle était séduisante : il communiquait à tout ce qui l'entourait l'enthousiasme d'un mérite si éminent et de vertus si remarquables. Digne surtout d'avoir des amis et de posséder une amie, il trouva l'un et l'autre : il eut cette amie modeste; elle fit le bonheur d'un époux dont elle était digne. Vouée aujourd'hui à des souvenirs mêlés de tristesse et de charmes, dans le lieu même où reposent les cendres de cet époux, au milieu des jardins ouvrage de Barthélemy Faujas, elle retrace des qualités et des vertus dont elle fut l'émule : je n'essayerai pas de peindre le culte sentimental auquel se complaît l'ange de l'hymen, devenu le protecteur de la tombe, le génie des souvenirs et le dispensateur des fleurs dont cette tombe est ornée.

En quittant la vie, Barthélemy Faujas n'a éprouvé que la

cessation des forces vitales ; sa mémoire était entière, il en fit usage jusqu'à la dernière seconde, et il s'endormit dans l'éternité, entouré des personnes qui lui furent chères. C'était le 18 juillet 1819, à 7 heures du matin, et il fut inhumé le lendemain 19, à Saint-Fond, au lieu marqué *par lui* pour sa sépulture.

MAXIMES.

A portée de connaître les opinions de Barthélemy Faujas sur le système social, soit par ses actions, soit par sa conversation et par quelques écrits qu'il s'est plu à déposer dans le sein de l'amitié, j'ai senti le besoin de les réduire à leurs moindres termes, et de les publier sous la forme de maximes.

Considérant néanmoins qu'au milieu de nouvelles discussions politiques, lorsque la société n'est point encore solidement appuyée sur ses bases, il pourrait être imprudent d'apporter des méditations qui ne conviennent qu'au calme de la réflexion, je remets à d'autres temps la publication de cette partie de mon travail ; je pense cependant pouvoir faire connaître quelques généralités, pour garnir une partie du cadre que je m'étais tracé.

Article tiré d'un manuscrit de Barthélemy Faujas , avec ce titre : Quelques réflexions, bien imparfaites, sur le *génie.*

« Enfant de la nature, le génie est grand ; il est simple » comme elle. Quelle est donc l'*exception* qui préside à sa » formation ?

» Le génie dérive sans doute d'une disposition particulière » aux organes intellectuels, disposition qui permet à l'homme » de combiner ses idées avec une profonde sagacité, pour en » tirer d'étonnans résultats.

» La différence entre l'*esprit* et le *génie* est telle, que la
» nature forme assez souvent des hommes d'esprit et très-
» rarement des hommes de génie : aussi a-t-on toujours considéré
» ceux-ci comme des phénomènes qui ne paraissent qu'à des
» époques éloignées les unes des autres, et nul doute que
» l'organisation particulière de celui qui se trouve doué du véri-
» table génie, ne soit d'une exécution difficile dans sa création,
» puisque cette création est si rare qu'elle forme une véritable
» *exception.*

» L'esprit a produit des théories brillantes. (FONTENELLE.)
» Le génie a pénétré les systèmes les plus profonds. (BUFFON,
» NEWTON.) »

PENSÉES.

1. Lorsque la nature donne le jour à un homme de génie,
c'est la lumière qui pénètre les ténèbres : la mort d'un tel
homme est le deuil de la nature.

2. Si tout dans la nature nous présente l'idée d'une puissance
suprême par qui ce tout est régi, comment les nations peuvent-
elles espérer de maîtriser leurs destinées et se passer d'une
future espérance, qui toujours a consolé les hommes ?

3. Vainement l'homme se roidirait-il contre les effets d'une
cause qui lui est supérieure, puisque la cause aura toujours son
influence et ses produits, de même que les principes auront
éternellement leur conséquence.

4. Les grandes vérités de l'ordre social se retrouvent chez
tous les peuples anciens et modernes, parce que ces vérités
appartiennent à la nature, qui régit les calculs humains.

5. La vie des hommes dans l'état sauvage consiste en priva-
tions ; leurs sens ne sauraient acquérir le développement qui

résulte de l'état social; d'où il suit que les qualités de l'esprit ne sauraient s'élever pour eux à de hautes méditations.

6. La raison et les lumières fondent la supériorité des nations : vainement pour y arriver tenteraient-elles de s'en passer.

7. Il y a des lois dans l'ordre naturel; comment n'en existerait-il pas dans l'ordre social?

8. Les peuples sauvages adorent le soleil, parce que le soleil est pour eux la cause de la végétation et celle de la vie.

9. Les lois humaines agissent matériellement, tandis que les lois religieuses fondent les sentimens et pénètrent le cœur.

10. La vraie liberté appartient aux ames élevées ; elle se plaît dans l'ordre, elle ne s'allie ni avec la tyrannie des peuples, ni avec celle des Rois.

11. Dans les gouvernemens tyranniques rien n'est inviolable, ni les hommes ni les choses.

12. Ceux qui se refusent à l'ordre, se refusent à la liberté.

13. Le respect religieux, l'obéissance légale et la puissance légitime fondent le bonheur des peuples sur un levier qui repousse la tyrannie.

14. Le gouvernement par excellence est établi sur des lois invariables qui protègent la multitude et s'entourent d'un petit nombre dans les conseils.

15. Un peuple injuste cesse d'être une nation , car toute association doit être fondée sur un principe de droit.

16. L'anarchie annule le pacte social.

17. En politique les écarts d'une grande nation allument des guerres interminables, et fondent le malheur des hommes et celui des gouvernemens.

18. Les grandes assemblées politiques oublient trop souvent que des pouvoirs ne leur ont été donnés que pour maintenir la balance, cette balance que nulle autorité ne doit faire pencher.

19. Les gouvernemens anciens, comme les gouvernemens modernes, se sont appuyés sur la religion, comme on s'appuie sur une morale et un sentiment divin, pour lier les passions à la paix publique et à l'ordre suprême.

20. Celui qui se balance entre deux partis, n'a point le sentiment de ses devoirs envers la société : c'est un égoïste qui prend conseil des événemens.

DERNIÈRE
PROMENADE GÉOLOGIQUE
DE BARTHÉLEMY FAUJAS.

(Tiré des notes laissées par ce savant.)

A la fin d'avril 1814 je me rendis au Pont-Saint-Esprit pour m'y réunir à des parens chéris , et pour fêter ensemble le retour du bon Roi et de son auguste famille. Jamais l'expression de la joie n'eut un élan plus vif et un sentiment plus juste. Nos cœurs vraiment français conserveront long-temps l'enthousiasme de cette heureuse époque. Les fêtes publiques furent sans doute bien touchantes dans toutes les parties de la France ; mais quel langage pourrait exprimer ces scènes du sentiment dont le pieux développement se montrait sous les toits domestiques ? Là elles ne furent pas commandées, mais le cœur, qui est aussi une puissance, parlait avec une simplicité si vive, il portait un tel caractère d'attendrissement, que le pathétique langage du père de famille parvenait sans effort à graver l'empreinte de ces heureux momens dans tous les sens de ses fils et de ses neveux.

Après cet acte vraiment religieux que je venais de partager, je me sentis plus propre aux grandes pensées, plus disposé à reprendre le cours de mes études dans le livre de la nature. J'avais à revoir des lieux classiques, et je me disposai à partir le lendemain.

C'était le 5 mai 1814; mon bagage était modeste, comme il convient au disciple des sciences naturelles; mais si je m'éloignais du luxe par principe, c'était par principe aussi que je me rapprochais de la douce chaleur d'une pure amitié : j'emmenais avec moi deux de mes parentes (mesdemoiselles Boisset), qui à une véritable amabilité joignent du savoir et les moyens de partager et de seconder les recherches auxquelles je voulais me livrer.

Du Saint-Esprit au village de *Saint-Laurent des Arbres*, nous avions cinq lieues à parcourir, partie en suivant la grande route, et partie en nous dirigeant par la traverse sur Orsan et le voisinage du Rhône. On m'avait donné des lettres de recommandation pour M. *Deleuze*, propriétaire, qui occupe une agréable habitation, entourée d'eau et de bois, à une très-petite distance du village. Je ne connaissais point M. Deleuze, mais je savais qu'il se plaisait à donner quelques soins aux richesses fossiles recelées par les sables de Saint-Laurent des Arbres. M. Deleuze avait recueilli plusieurs morceaux qui tous avaient appartenu à des quadrupèdes terrestres de la plus grande stature.

Nous avancions pleins d'espérance : le soleil du printemps, si pur et si brillant dans le midi de la France, répandait un charme inexprimable sur tout ce qui frappait nos yeux : nous nous sentions émus par cette sorte de méditation qui se joint toujours aux grandes impressions dont l'ame est agitée.

Dès que nous pûmes apercevoir le château sur lequel nous nous dirigions, nous distinguâmes sur les tours, les portes et les fenêtres de nombreux pavillons à la couleur des lis : l'air les agitait, et à mesure que nous approchions notre étonnement augmentait : tout avait un air de fête; on voyait aller et venir beaucoup de gens, moins occupés que pleins de joie, et tous disposés à ce favorable accueil dont le cœur fait les frais. Chacun, au moment de notre arrivée, nous prenait par la main; on s'emparait de nous, on nous disait : « C'est la fête pour le Roi, c'est le souvenir du retour des Bourbons; » et nous nous trouvions unis à de nombreux convives avant d'avoir pu nous faire entendre, avant d'avoir remis nos dépêches et exprimé nos pensées. Déjà au milieu du cercle de l'intimité, M. Deleuze, son épouse gracieuse et des enfans pleins de charmes, nous avaient accueillis avec une rare amabilité et paraissaient se réjouir de notre heureuse arrivée : « Oui, nous dirent-ils, nous sommes assurés que M. le professeur Faujas et les siens sont très-dignes de partager notre joie, d'ajouter même un sentiment à tous ceux que nous célébrons à l'occasion du retour de l'auguste famille; puissent les Bourbons être aussi heureux dans leur règne actuel que leur exil s'est montré désastreux! puissent aussi les français placer dans leurs fastes saints, pour en jouir avec respect, l'événement que le ciel leur accorde, et désormais rester unis en un faisceau sacré, autour du chef auguste qui vient réconcilier la nation avec elle-même, pour en former un tout indissoluble! »

L'émotion était générale; tous les membres de cette touchante réunion, pleins d'un sentiment salutaire et d'une jouissance délicieuse, ne formaient plus qu'une seule famille. Il nous fut impossible ce jour-là d'avoir une autre occupation, et cette fête sembla nous entraîner tous à un respect religieux, à cette pure élévation de l'ame, à la fois si noble et si douce. Tous les convives crurent alors se connaître d'ancienne date et se chérir pour toujours : le banquet fut abondant, mais non recherché; on y porta des santés augustes, avec un vin délicieux. Les questions et les réponses, les anecdotes et les réflexions, les proverbes et le sel qui les assaisonne, précipitaient le cours des heures; mais quand le présent nous échappe, conservons au moins l'espoir d'un éternel souvenir.

4

J'avais parlé des douleurs de l'exil, des vertus de la royale famille, et en m'attachant avec un intérêt particulier à des faits qui prouvent son extrême bonté et son amour sublime pour la nation française, je crus devoir citer un fait dans mille autres, et ce fait choisi parmi ceux qui provoquent la plus heureuse confiance, rapprochent le sujet fidèle et lui laissent un moment le pouvoir d'oublier la distance qui sépare les rangs entre le prince et le sujet. J'avais sur moi, au nombre des papiers relatifs à mon voyage, une lettre en original, écrite le 5 février 1784, par M. Joseph de Montgolfier, d'Annonay, à Son Altesse Royale MONSIEUR, COMTE D'ARTOIS, lettre qui me fut confiée dans le temps par ce prince, à raison de ce que son contenu était du ressort des connaissances physiques; en voici la copie :

MON PRINCE,

Pénétré du plus vif sentiment de reconnaissance de toutes vos bontés pour moi, et dans le doux enthousiasme que me procure le souvenir de la grandeur de votre belle ame, permettez à un cœur aimant d'oublier un instant la distance immense qui nous sépare, pour ne se rappeler que les aimables vertus qui vous caractérisent et vous font adorer par ceux qui ont le bonheur de vous approcher. Ce bonheur dont j'ai joui trop peu de temps, fera la plus heureuse époque de ma vie, puisqu'il est vrai que la connaissance des rares qualités qui vous distinguent, excite en moi la noble ambition de les acquérir : ce hardi projet n'a rien qui m'effraie; votre belle ame rapproche de son orbite tous les hommes dignes de l'apprécier. Combien j'aurais de plaisir à vous faire part de l'impression qu'elle a faite sur moi! mais *notre adorable Charles* (1) n'aimerait pas à perdre son temps à la

---

(1) C'est le nom du Prince.

lecture de son éloge ; il l'emploie plus utilement à le mériter ; ainsi je dois me borner à admirer et me taire.

Depuis votre départ de Lyon, j'ai eu occasion de m'assurer de la hauteur à laquelle nous nous sommes élevés dans l'*aérostat*. Cinq géomètres mesuraient notre ascension, et il résulte de leur calcul, que j'ai revu, que nous sommes parvenus à une ascension perpendiculaire de 1,438 toises. Cette élévation me paraissant plus considérable que celle que nous avions cru reconnaître, me décida à vérifier plusieurs angles sous lesquels nombre de spectateurs avaient vu le ballon de leurs fenêtres, dans divers quartiers de la ville très-éloignés de l'enceinte : le calcul fait d'après ces angles et leurs bases m'indiqua un résultat très-rapproché du premier, et enfin une dernière réflexion me confirma la justesse de cette mesure : en effet je puis apercevoir un corps interposé entre le ciel et mon œil, lorsque je ne suis pas éloigné de ce corps de plus de 5,000 fois son diamètre : il est constant que tous les spectateurs nous ont perdus de vue, qu'ils n'ont nullement distingué la galerie, et qu'ainsi à plus forte raison ils auraient perdu de vue un corps de 21 pouces, qui cependant eût été en rapport avec la distance de 1,450 toises.

Le surlendemain de notre départ de Lyon je reçus des nouvelles d'Avignon ; on avait commencé l'achat des soies et disposé tout pour la fabrication des étoffes, selon la commande qui a eu lieu d'après vos ordres ; mais la célérité réclamée pour confectionner ces étoffes, trouve un obstacle dans l'insuffisance des métiers déjà destinés au commerce, et je pense que, tout en essayant de vaincre cet obstacle, il ne faut pas s'attendre à avoir les produits avant le mois de mai, ce qui au reste me laissera le temps de donner la plus grande solidité au globe nouveau qu'il s'agit de perfectionner. A cet égard je me propose de faire couper en fuseaux les pièces d'étoffe, à mesure que je les recevrai d'Avignon, et je les ferai coudre sous mes yeux et chez moi, à Annonay. C'est pour atteindre ce but que je me propose de me rendre à Avignon, et à mon retour j'espère, mon Prince, recevoir votre réponse, qui me servira de règle. Dans l'espoir de cette faveur, veuillez bien agréer les assurances de mon profond respect.

Votre très-humble et obéissant serviteur,

A Annonay, le 5 février 1784.

Signé Joseph MONTGOLFIER.

Mon épouse vous prie de vouloir bien agréer les témoignages de son profond respect.

Mon adresse, *A Joseph Montgolfier,*
à Annonay, en Vivarais.

M. Deleuze, devenu libre des soins qu'avait entraînés pour sa famille et pour lui la réunion nombreuse de la fête de la veille, s'empressa d'une manière délicate et obligeante à me mettre sur la voie de mes travaux et de mes recherches géologiques. Il me montra divers morceaux qui se trouvaient encore en son pouvoir : l'un d'eux était une défense d'éléphant, de quatre pieds de longueur et d'une belle conservation ; plus le fémur d'un animal de la même espèce, fémur dont la dimension était d'un pouce d'épaisseur dans la partie la plus faible, et un pouce et demi dans la plus épaisse : il avait aussi plusieurs dents d'éléphant, et paraissait croire qu'elles avaient appartenu à l'un de ces animaux que l'armée d'Annibal traînait à sa suite lors du passage du Rhône, lequel en effet s'opéra non loin de Saint-Laurent des

Arbres, au nord du Saint-Esprit. Je fis observer à M. Deleuze que la nature, si grande dans les moyens qu'elle emploie, avait pu se passer du voyage d'Annibal, et je lui citai, pour en faire la preuve, un autre fait plus étonnant encore : il existe dans l'Ardèche, entre les villages de Chomerac et du Pouzin, très-près du torrent de Payre, dans un champ appartenant à M. Mouline, sur la croupe d'un coteau planté en vigne, *un véritable cimetière* où sont déposés les ossemens des grands animaux terrestres, tels qu'*éléphans*, *urus* ou bœufs aux cornes droites, etc., etc., en telle quantité et tellement pressés à la superficie, sur une épaisseur de plusieurs toises, que ces débris d'ossemens sont vraiment innombrables; j'en ai extrait de nombreux échantillons, dont plusieurs tombaient en poussière, mais dont les autres étaient encore solidement organisés, et ceux-ci provenaient des fouilles un peu profondes. Cet amoncellement prodigieux n'a pu être formé (et ce n'est pas le seul exemple) que par les courans des eaux de la mer; et qui pourrait en calculer l'époque!

M. Deleuze voulut bien me donner les renseignemens qui tenaient à son expérience et à ses recherches, tant sur les dunes de sable de Saint-Laurent des Arbres, que sur les fossiles qu'elles recèlent et les ossemens qu'on y trouve : il est utile pour la science, autant que satisfaisant pour moi, de réunir ces renseignemens à la description des lieux et au rapport des faits qui résulteront de mes propres recherches. Nous éprouvâmes, mes deux parentes et moi, un regret sincère de nous séparer de nos hôtes aimables : leur affabilité et la grâce de la réception, à la fois patriarcale et pleine d'urbanité, que nous venions d'éprouver, nous attachera toujours au plus doux souvenir.

M. Deleuze s'occupe d'agriculture avec un succès remarquable : on lui doit diverses améliorations sur les instrumens aratoires. J'ai vu chez lui une machine de son invention, propre à fouler le raisin au moment où il arrive dans la cuve ; elle consiste en deux cylindres tournant en sens inverse, qui écrasent la grappe avec autant de force que de célérité : elle est à la fois ingénieuse et simple.

La position du château et des propriétés qui en dépendent, peut être comparée à ces îles fertiles de certaines parties de l'Afrique ; entourées d'eau et de dunes de sable, elles sont d'une fécondité extrême, produite par les eaux qui tempèrent la chaleur propre à cette localité : les anciens nommaient ces positions délicieuses des *oasis*, et ce nom est encore d'usage en Égypte.

L'oasis de M. Deleuze est en effet environné presque de toutes parts de collines d'un sable fin, qui forment un cirque de 1,000 à 1,200 toises d'ouverture. C'est au milieu de cette enceinte qu'existe un sol précieux par sa fertilité, couvert de moissons, couvert de vignobles dont les vins sont préférables à ceux de *Tavel*, qu'ils avoisinent : à ces précieuses productions se joint encore celle des muriers. Cette situation heureuse, qui forme un si étonnant contraste avec les collines d'un sable infertile, a l'avantage de présenter aux naturalistes voués à la géologie un lieu d'observation très-propre à répandre des lumières sur cette science si éminemment utile.

Il résulte des rapports faits par MM. Deleuze et Moudieu, curé de Saint-Martin, que ces laborieux colons ont trouvé à différentes époques,

1.º Divers morceaux de bois pétrifiés, qui ont été donnés, les uns à M. Séguier, pour le musée de Nîmes, les autres à M. Calvet, d'Avignon, qui les a légués, avec son cabinet, à la ville de ce nom.

Plusieurs de ces morceaux ont été communiqués au muséum du jardin du Roi à Paris.

2.º Le fémur d'un quadrupède énorme. Ce fémur, arrondi dans

sa partie supérieure, a dû rouler dans sa boîte naturelle sur un diamètre de *cinq pouces et demi* : ce fémur a trois pieds huit pouces de long.

5.° Divers fragmens de parties osseuses, plus ou moins allongés, ayant un diamètre de quatre pouces dans leurs bases; fragmens ayant appartenu à des éléphans.

4.° Un morceau, fracturé, de machoire d'éléphant, portant trois dents molaires adhérentes.

5.° Une foule d'objets fossiles appartenant à l'animalité et à la végétation.

Je m'occupai successivement à parcourir et visiter deux principales buttes de sable, celles qui ont particulièrement fourni aux découvertes de M. Deleuze. Pour se rendre sur ces collines une demi-heure suffit, en partant du château. La description de celles-ci peut s'appliquer aux autres, tant est grande l'identité de leur matière et de ses caractères.

Ces buttes portent le nom de *mont-cao* (*mons caldus*), que l'on peut traduire par *mont-chaud;* expression qui convient au reflet et au degré de chaleur ardente qu'elles renvoient quand elles sont pénétrées par un beau soleil d'été.

On distingue celles des collines qui sont sillonnées par des ravines profondes, dues à l'écoulement des eaux pluviales; elles se nomment *crozes*, ce qui désigne des *creux*, des *coupures*, des *disruptions.* Les monticules les plus élevées n'ont pas au-delà de 140 à 150 pieds; leurs escarpemens imitent dans leur aplomb les parois d'un bassin en maçonnerie.

Généralement ces diverses buttes sont composées d'un sable mouvant, très-fin, d'un gris blanchâtre, quelquefois coloré d'une teinte jaunâtre ocreuse. Quelques parties sont disposées en bancs très-étendus; ces bancs sont formés pour la plupart par couches feuilletées, interrompues par des dépôts quartzeux en graviers infiniment petits, mais dont les angles, encore aigus, ont été faiblement usés par le frottement.

Les eaux de pluie et les vents impétueux du nord exercent une grande action sur ces sables mobiles, et les attaquent dans tous les sens, de manière à former des escarpemens inaccessibles : ils conservent dans leur corniche des parties ondoyantes, affectant diverses formes plus ou moins saillantes, avec une solidité qui n'est due qu'à la force de cohésion, au tassement et quelquefois à une faible dissolution d'une petite quantité de substance calcaire; substance qui les lie et sert à former des groupes, des masses et des stalactites sablonneuses de peu de consistance, qui ne croulent jamais sans se pulvériser. C'est cette succession de déchiremens qui met au jour tout ce que ces immenses dépôts de sable recèlent d'étranger à leur nature.

Il ne faut pas considérer ces dunes sous le même rapport que celles de la Hollande ou du Brabant, car ces dernières sont dues à l'alimentation des sables que les vents entraînent et accumulent, en portant à l'intérieur les falaises du rivage de la mer. Celles de Saint-Laurent au contraire sont de vastes dépôts nourris et formés par des courans diluviens à des époques de la plus haute antiquité, qui présentent l'idée de catastrophes effroyables dans ce qui compose leur forme, comme dans ce qui a réalisé leur amalgame.

En gravissant sur le plateau de la plus haute monticule, on domine un très-vaste horizon, et on ne se lasse point d'y reconnaître la marche grande et régulière qui appartient à la nature ; suivez de l'œil cette marche horizontale, elle vous présente au-dessus des sables une énorme quantité de cailloux roulés, qui y ont été superposés dans une épaisseur de plusieurs pieds. Ainsi donc si un courant de mer a formé ces dunes (et cela est démontré), un autre courant de mer étranger à la réunion primitive des sables n'a charié, n'a déposé que des cailloux : ainsi se tire la conséquence de deux époques différentes ; *l'une fut propre aux sables, l'autre ne roula que des pierres.*

Un autre fait non moins curieux vient confondre par sa vaste étendue l'orgueil de l'intelligence humaine. Toujours sur le plateau supérieur des dunes de Saint-Laurent, l'œil, en suivant la direction apparente qu'ont reçue les cailloux roulés dont il est couvert, se porte vers les plaines de *la Crau* et sur la direction d'Alais, Nîmes, Montpellier, en même temps que les plaines de Lyon indiquent le même fait géologique. J'apporte à l'appui de ces connaissances locales la magnifique description qui est due au célèbre Saussure, que plus d'une fois j'ai cité en m'appuyant de sa respectable autorité. J'ajouterai à ce coup d'œil général les détails que présente l'identité élémentaire des cailloux de Saint-Laurent des Arbres avec ceux de la Crau, avec ceux qui couvrent les plaines et les coteaux autour de Montpellier, avec ceux enfin que l'on peut vérifier sur la ligne que l'œil et la pensée tracent jusqu'à Lyon.

Au-dessus des sables de Saint-Laurent, on trouve,

1.º Des cailloux quartzeux, gris, blancs, rougeâtres et bruns, tous très-durs, étincelans contre l'acier, susceptibles du plus beau poli, et dont la contexture intérieure offre dans ses cassures une pâte un peu écailleuse, semblable à celle de certains grès entièrement quartzeux, intimement unis et ne formant qu'un corps serré fortement.

2.º D'autres cailloux noirs, qui au premier aspect semblent une lave compacte, mais qui examinés avec attention, appartiennent, les uns à des roches feld-spathiques noires et dures, les autres à des roches stéatitiques de la même couleur, dures aussi, mais un peu grasses au toucher.

3.º Quelques silex gris, demi-transparens, mais à pâte grossière; d'autres silex à zones horizontales; il y en a à zones contournées.

4.º Quelques jaspes bruns ou d'un rouge ocreux, à pâte grossière.

J'ai dit que pour observer il fallait se placer sur la partie supérieure du plateau sablonneux le plus élevé : en effet de ce point votre vue se porte sur les ravines, les fissures et les déchiremens, et vous reconnaissez que les dunes ne recèlent aucun caillou dans leur intérieur, et qu'il n'existe aux pieds des dunes que ceux des éboulemens supérieurs.

Dans l'inspection rapide que j'ai pu me permettre, je me suis essentiellement attaché à celles des buttes ouvertes bien d'aplomb par l'effet des disruptions qu'elles ont éprouvées : j'ai reconnu dans leur intérieur,

1.º Quelques noyaux épars çà et là d'une terre ocreuse, plus ou moins jaunâtres, mais très-serrés par l'effet de la pression.

2.º Des bois siliceux, plus ou moins volumineux, la plupart comprimés, quelques-uns cylindriques et en gros tronçons, dont les fibres et le tissu réticulaire se distinguent parfaitement, sans cependant déterminer les espèces : seulement on peut assurer que jusqu'à présent le bois de palmier y est étranger; son organisation particulière eût été facilement reconnue.

3.º Quelques fragmens irréguliers de pierres calcaires, blanchâtres, cariées, offrant des traces de vermisseaux marins et de petits trous, qui paraissent l'ouvrage très-ancien d'une certaine espèce de tarets ou autres coquillages marins : on y voit de ces pierres isolées; elles ont la grosseur du poing ou tout au plus du double.

4.º Des débris d'ossemens, que je juge avoir appartenu à plusieurs espèces de grands animaux terrestres, parmi lesquels on distingue avec certitude ceux d'éléphans et de rhinocéros.

Il serait nécessaire de pratiquer des fouilles sur divers points encore solides , ou au moins d'être présent aux éboulemens pluvieux, afin de perfectionner des recherches que tout annonce pouvoir être très-fructueuses, et de provoquer par ces moyens de nouvelles découvertes aussi utiles à la science , qu'elles seraient intéressantes pour le géologue qui soupire en faveur de telles découvertes, et qui cherche à percer la nuit des temps. Heureux l'homme laborieux qui marque d'un jalon nouveau la marche trop lente des connaissances humaines ! heureux surtout celui qui dissipe quelques ténèbres de l'esprit des hommes et ouvre le cercle de leur intelligence ! car la conquête d'une vérité nouvelle est préférable à celles qu'on obtient par les armes : l'une sert la société, les autres détruisent les hommes et font couler leurs larmes avec un sang précieux qu'il faut conserver pour la défense de la patrie, sans jamais en abuser.

DISCOURS INÉDIT,

Prononcé par Barthélemy Faujas le 10 juin 1818, à l'ouverture de son cours de géologie fait au jardin du Roi.

MESSIEURS,

LA puissance et la grandeur de la nature, a dit Pline, sont souvent inexplicables pour celui qui n'en embrasse que quelques parties et non l'ensemble (1). « Le géologue, a dit un auteur
» moderne qui a donné le plus de développement à l'axiome
» du célébre naturaliste romain, ne doit pas se contenter de
» l'observation des échantillons isolés de son cabinet, ni s'amuser
» de vaines et petites subtilités d'une classification minéralogique;
» il faut qu'il étudie les relations des fossiles tels qu'ils existent
» aujourd'hui; qu'il suive la nature dans ses réduits les plus
» sauvages et les plus inaccessibles; qu'il choisisse pour lieu de
» ses observations les points d'où les grands travaux peuvent
» être aperçus de la manière la plus étendue et la plus exacte.
» Sans ce coup d'œil sûr et qui comprend tout, son esprit sera
» difficilement disposé à s'occuper de la véritable théorie de la
» terre (2). »

---

(1) *Naturæ enim vis atque majestas omnibus momentis fide caret, si quis modò partes atque non totam complectatur animo.* Pline, Hist. nat. Liv. 7. Chap. 1.

(2) *Explication de la Théorie de Buffon*, par M. Playfair, professeur de mathématiques à l'université d'Edimbourg, de la traduction française de M. Basset. Paris, Bossange et Masson, libr., rue de Tournon, N.º 6, in-8.º, figures.

Dans l'état présent de la géologie et des autres sciences qui lui prêtent de si solides appuis, ce que nous venons d'exposer en peu de mots suffit pour faire voir que cette marche est la plus simple et la meilleure, en observant néanmoins qu'il est indispensablement nécessaire, avant de la suivre, d'être muni de toutes les connaissances préliminaires de détails et de faits qui appartiennent aux productions nombreuses et diverses de la nature, et à la distinction nette et précise de leurs caractères, afin d'en tirer les inductions qui en résultent lorsqu'on rencontre les mêmes objets fossiles ; s'il s'agit, par exemple, du règne animal, ou du règne organique végétal, dans des lieux très-éloignés de ceux qu'ils habitent ordinairement, et dans des latitudes et des hauteurs où ces corps n'ont pu être transportés ou déposés que par des déplacemens plus ou moins durables des eaux de la mer.

Il doit en être de même de cette suite d'autres minéraux simples ou composés qui ont servi à la structure de la partie du globe terrestre, qu'il est très-important de bien connaître.

Mais il faut savoir habilement se rendre maître de tant de faits particuliers, pour les rattacher ensuite, comme par autant d'anneaux, à ces grandes et premières causes générales qui dérivent du système dans lequel notre globe se meut conjointement avec les autres planètes, mais où son rôle n'est en quelque sorte que très-secondaire, comparativement à la grandeur, à l'étendue et à l'éloignement de plusieurs des autres sphères immenses qui composent l'ensemble de ce système particulier.

Considéré sous ce rapport, notre globe est bien peu de chose : nous pouvons même dire qu'il n'est qu'un atome dans le système de l'univers ; système dans lequel, à l'aide de ses grands télescopes, Herschel a déjà pu compter, d'une manière distincte et positive, dans la seule étendue de cinq degrés, *trois cent trente-un mille étoiles*, qui sont autant de soleils (1).

L'homme cependant, relativement à sa petitesse, considère la terre, sur laquelle il naît et avec laquelle il s'identifie après la mort, comme étant d'une étendue presque sans bornes, et même comme une sorte de propriété appartenant exclusivement à sa seule espèce : s'arrogeant l'empire de la puissance sur tous les êtres vivans qui l'environnent, immolant sans pitié ainsi que sans remords à ses besoins, et souvent même à ses plaisirs, de paisibles animaux, qui, loin de chercher à lui nuire, le soulagent dans ses plus pénibles travaux, il fait la guerre à tout et même à ses semblables, lorsqu'il croit y trouver le plus léger intérêt.

Un tel égarement, qui lui nuit beaucoup plus en général qu'il ne lui devient profitable, ne peut être considéré que comme l'effet de son ignorance. Telle est cependant en réalité la malheureuse situation où se trouve le plus grand nombre des hommes, particulièrement de ceux qui vivent dans ce que nous appelons l'état de nature.

La civilisation, qui entraîne aussi à sa suite d'autres inconvéniens, a néanmoins de si grands avantages, qu'elle doit être considérée comme l'état le plus favorable à la sureté de l'homme, à sa prospérité et au développement de toutes ses facultés morales.

C'est à la civilisation, lorsqu'elle peut parvenir à cette maturité

---

(1) « Par un calcul fondé sur des observations qui établissent le nombre des
» étoiles qu'on peut compter dans mes grands télescopes, il paraît, dit M. Herschel,
» que l'espace compris entre deux étoiles de la constellation du cygne, désignées
» par les caractères grecs *Béta* et *Iota*, c'est-à-dire sur une étendue de cinq
» degrés environ, renferme trois cent trente-un mille étoiles. »

Herschel, *Sur les étoiles. Transactions philosophiques de la Société royale de Londres.*

qui est l'ouvrage du temps et des circonstances particulières qui quelquefois en avancent les progrès, que l'on doit l'apparition d'un petit nombre de ces hommes extraordinaires et rares, qui doués d'une haute intelligence et de facultés morales relevées, semblent nés pour honorer l'espèce humaine et lui servir de guide dans les routes nouvelles, jusques-là inconnues, que le génie seul sait se tracer.

Les hommes de cette trempe, qui ont peut-être dans leur organisation quelque chose de particulier qui échappe à l'œil le plus attentif, sont doués par la nature d'une énergie d'intelligence et de caractère qui les porte à se livrer avec autant de persévérance que de désintéressement à des études particulières, vers lesquelles l'instinct qui les maîtrise, les entraîne, pour ainsi dire, malgré eux : noble passion qui les agite et les occupe nuit et jour, jusqu'à ce qu'ils atteignent le but de leurs solides efforts; et ce but est de dissiper les erreurs et de lever les voiles qui nous cachent la vérité.

On demandait à Newton comment il avait pu parvenir à dérober à la nature le secret d'une de ses plus grandes et de ses plus mystérieuses opérations, celle de l'attraction : *En y pensant toujours*, répondit le modeste philosophe; et c'est aussi en y pensant toujours, qu'avec le temps on est arrivé à d'autres découvertes importantes pour l'instruction, et qui ont conduit à de nouvelles vérités.

Elles sont lentes et graduelles ces acquisitions mémorables de l'esprit humain, qui portent la lumière au milieu de l'obscurité et dissipent tant d'illusions, tant de nuages trompeurs, qui nous avaient égarés jusqu'alors : heureuses et nobles conquêtes, qui n'ont coûté d'autres larmes que celles de l'admiration et de la sensibilité reconnaissante.

C'est ainsi que de proche en proche et à mesure que le

flambeau des sciences répand un plus grand jour sur leur horizon, d'autres flambeaux ne tardent pas à s'y allumer, et se prêtant réciproquement leur clarté, permettent de pénétrer dans des routes plus lointaines, dans lesquelles on n'avait point encore l'espoir de parvenir.

L'époque dans laquelle nous sommes, nous présente les sciences dans un état d'avancement auquel il paraîtrait qu'elles n'étaient peut-être pas encore arrivées, si l'amour-propre du moins ne nous fait pas illusion, ou que de plus antiques monumens qui pourraient constater leur degré de prospérité dans les âges les plus reculés, n'aient été la proie du temps ou de l'horrible fléau des guerres.

Car on ne saurait se dissimuler qu'au milieu de cette lacune de faits chronologiques positifs, on n'entrevoie dans le lointain quelques lueurs fugitives de leur existence passée, non-seulement dans quelques parties de l'Afrique, mais encore dans diverses contrées asiatiques.

Les moyens insuffisans que les hommes ont employés pour conserver et pour transmettre les documens de leurs annales, sont en général si peu durables, lorsqu'ils ont à lutter contre de nombreuses suites de siècles, et surtout contre les événemens que ceux-ci entraînent ordinairement à leur suite, qu'il ne serait peut-être ni trop sage ni trop prudent de ne vouloir admettre que ce qui se trouve rigoureusement démontré par des dates positives.

Si dans des ouvrages connus, qui remontent au moins à trente siècles avant notre ère, il est fait mention de périodes de temps de dix, de vingt et de trente mille ans, et même au-dessus, notre scepticisme nous les fait rejeter.

Mais si des constellations et des signes célestes portent encore des noms et des figures symboliques qui se rapportent à des temps bien éloignés ; si des instrumens gradués, destinés à déterminer des mesures de longueur, ont été trouvés dans des terres classiques, telles que celles de l'Égypte et de l'Inde, au milieu des ruines, et que ces mesures se trouvent en rapport parfait avec celles dont nous nous regardons comme les modernes inventeurs, et dont nous avons pris le type premier dans un degré du méridien, mesuré avec tant de peine et tant de dépenses, à plusieurs reprises et avec des instrumens qui exigeaient la plus extrême et la plus délicate précision; il faudra bien convenir qu'il y a de grandes probabilités que les hautes sciences ne sont pas aussi nouvelles qu'on voudrait se le persuader.

Le temps présent semble avoir un avantage de plus que les autres pour transmettre à l'avenir les progrès des connaissances acquises : c'est celui de l'imprimerie, qui fixant la pensée et la multipliant avec une grande facilité, la rend beaucoup plus durable, en même temps qu'elle donne les moyens de la porter à toutes les distances praticables.

Il est difficile dès-lors que tous les livres disparaissent sans exception, si ce n'est par des causes physiques générales que nous ne saurions prévoir, ou par la faute des hommes eux-mêmes, si dans le délire de leur passion pour la guerre, ils parvenaient à renverser l'ordre social et à le replonger un jour dans la barbarie, dont on ne ressort pas si facilement.

Il paraît que les premières lumières chez les nations où l'instruction avait pénétré, se portèrent de préférence sur l'observation de la nature et particulièrement sur celle des astres, cause première et bien naturelle de notre étonnement et de notre admiration.

On a de la peine à concevoir que sans instrumens, s'il est vrai qu'ils n'eussent pas été inventés encore, on ait pu parvenir, tant dans l'Asie que dans la Chaldée et probablement dans l'Égypte, à faire des découvertes importantes, qui paraissent avoir été familières à ces nations savantes.

Un ciel pur, dit-on sans cesse, tendait à faciliter leurs recherches et les provoquait en quelque sorte ; mais un ciel du plus bel azur ne donne ni les connaissances préliminaires indispensables, ni la science abstraite des calculs, ni les méthodes qui les simplifient et qui les abrégent.

D'ailleurs dans les parties de la Chine où des observations astronomiques ont été faites avec précision il y a près de trois mille ans, ces parties n'ont ni un horizon parfaitement dégagé de nuages, ni un climat égal et doux propre à favoriser des travaux de cette nature.

Il est donc à présumer qu'il y a de grandes lacunes dans la chronologie des nations.

Si, d'autre part, nous voulons porter un regard attentif sur la liste étendue que Pline nous a transmise, dans son grand Recueil d'Histoire naturelle, de tous les ouvrages anciens qui existaient ou étaient connus de son temps, et qui avaient traité de toutes les branches des sciences naturelles, tant générales que particulières, mais qui ont presque tous été perdus depuis cette époque, on y verra que les modernes sont loin d'être les premiers qui ont défriché le champ des connaissances naturelles.

Les sciences se perdent par la longue succession des temps ; mais c'est aussi par cette même succession des temps qu'elles renaissent et qu'on les recommence.

Ce que je viens de dire, Messieurs, n'est pas aussi étranger qu'on pourrait le croire aux sciences naturelles, considérées dans leur application à la théorie de la terre, puisque nous voyons par-là que les premiers regards des hommes studieux et méditatifs se sont portés, dès la plus haute antiquité, plus particulièrement sur la contemplation de la nature, en commençant par

l'astronomie, qui a des rapports si immédiats avec la géologie,
qui emprunte d'elle des moyens si avantageux et si concluans.

C'est ainsi qu'après avoir étudié le spectacle sublime que
présente à notre surprise et à notre admiration la voûte des
cieux, enrichie de tant de millions de soleils, on a dû se
restreindre à porter un regard plus attentif et plus circonscrit
sur le système particulier dans lequel se meut notre planète,
pour redescendre ensuite, si je puis m'exprimer ainsi, sur ce
globe qui sert de berceau à notre enfance, qui entretient notre
vie par ses productions, et reprend après notre mort l'enveloppe
matérielle qu'il nous avait prêtée.

Cette progression naturelle dans les objets qui frappaient le
plus nos sens, devait nécessairement exciter notre désir, et
nous conduire à la recherche des phénomènes qui entourent de
toutes parts notre existence, et qui n'ont certainement pas dû
avoir lieu pour rester à jamais ensevelis dans la nuit d'un éternel
mystère, puisqu'ils développent la puissance et la grandeur de
celui qui en est l'auteur, et qu'à mesure que nous redoublons
de zèle et d'application dans nos recherches, de nouvelles merveilles semblent se dérouler devant nous, pour nous en laisser
voir de plus grandes encore.

Pourrait-il être permis, d'après des vérités qui tiennent à des
sciences rigoureusement exactes, et nullement à ces merveilles
idéales qui ne sont que les produits fugitifs d'une vaine imagi-
nation, de considérer avec une stupide et froide indifférence
cette terre, notre demeure passagère, où nous voyons tous les
caractères de l'ordre et de la plus parfaite régularité, à côté de
ceux qui attestent des ruines, ainsi que de vastes et nombreux
déchiremens, ouvrage du déplacement des eaux et des plus
violentes commotions qu'ait éprouvées le globe; où chaque pas
que l'homme fait, porte sur les dépouilles de tant d'êtres

organisés de tous genres et de toutes espèces, sur les débris desquels s'élèvent de nouvelles productions, et où la nature se plaît à étaler le luxe de la fécondité et de la plus somptueuse végétation; où de très-hautes montagnes, d'une grande étendue, ne sont entièrement formées que des productions de la mer et des restes d'animaux qui ont vécu autrefois dans son sein; tandis que d'autres chaînes, non moins escarpées, n'offrent dans leurs dispositions et dans leurs contextures que l'ouvrage et les résultats d'un fluide qui a tenu en dissolution toutes les molécules constitutives, et les a précipitées en cristaux plus ou moins réguliers, qui ont donné naissance à ces roches composées, en effaçant tous les caractères qui auraient pu mettre sur la voie d'en reconnaître l'origine première?

Dans d'autres lieux le feu ayant disputé son empire à la terre, l'a soumise à l'action destructive de ses plus terribles embrasemens, l'a soulevée en montagnes brûlantes, et a ouvert des abymes profonds au milieu de ses entrailles fumantes.

Les développemens, les résultats et l'ensemble de ces grands accidens de la nature fixeront plus particulièrement notre attention; je ferai mes efforts pour avoir l'avantage de vous les présenter sous l'aspect qui me paraîtra le moins compliqué et le plus propre à aplanir les difficultés, autant du moins que mes faibles moyens pourront me le permettre, c'est-à-dire en suivant la marche qui me paraîtra la plus simple; car dans les grandes opérations de la nature, celle-ci ne saurait agir d'après des moyens qui exigeraient une trop grande complication dans les ressorts, ainsi que déjà l'avait dit Buffon, dans ses Époques de la nature (1). C'est en ne nous écartant pas de ce principe que

---

(1) Buffon avait dit avec raison que les lois primordiales de la nature doivent dériver de principes simples, non compliqués.

Clairaut ayant avancé que la loi de l'attraction n'était pas aussi simple qu'on

nous traiterons de l'histoire naturelle du globe, relativement à sa structure, à son antiquité, à ses vicissitudes et aux différentes causes accidentelles qui concourent à en déranger l'ordre, ainsi qu'à celles qui peuvent tendre à le rétablir par des moyens plus ou moins lents, mais, je le répète, toujours simples.

Les questions principales et les plus importantes qui se lient à ces grands objets de recherches et de méditations, seront soumises à votre examen, afin de pouvoir en former un corps de doctrine qui puisse renfermer, dans un cercle peu étendu, les vérités les plus incontestables en géologie, celles que la force des preuves et l'expérience du temps ont mises à l'abri de toute contestation, en un mot sur lesquelles il n'est plus permis de revenir.

Nous examinerons si les progrès réels de la géologie peuvent nous autoriser à prononcer affirmativement que celle-ci doit être considérée comme une science aussi exacte que toutes celles que nous connaissons, et si sa marche aussi rapide que méthodique peut nous faire espérer d'arriver un jour à un système général propre à concilier tous les suffrages des savans versés dans cette partie, et bien supérieur à tous ceux qui ont paru jusqu'à ce jour, quoique faits par des mains très-habiles, mais à des époques trop prématurées, puisque ces systèmes ont devancé des découvertes importantes qui les contrarient.

---

l'avait cru jusqu'alors, et qu'elle était composée de deux parties, dont la première réciproque au carré des distances, est la seule sensible aux grandes distances des planètes au soleil, et dont la seconde, croissant dans un plus grand rapport quand la distance diminue, devient sensible à la distance de la lune à la terre; Buffon réfuta cette conséquence et soutint, dit M. de Laplace, *que les lois primordiales de la nature devant être les plus simples, elles ne peuvent dépendre que d'un seul module, et que leur expression ne peut renfermer qu'un seul terme.* *Système du monde, par Laplace, tome 2, page* 64. Le métaphysicien eut raison cette fois vis-à-vis du géomètre, qui reconnut lui-même son erreur.

Les circonstances présentes ne peuvent que réveiller nos espérances à ce sujet, et tout paraît concourir à les *favoriser* : le perfectionnement des méthodes naturelles dans la connaissance et la disposition des productions si nombreuses de la nature dans tous ses règnes, marche à grands pas, et l'on pourra enfin s'entendre dans des matières si embarrassantes, si compliquées et si difficiles auparavant; tout n'est pas fait sans doute encore, mais tout semble se préparer, chez les étrangers ainsi que parmi nous, pour arriver à faire mieux : d'autre part les secours et les grandes découvertes de la haute astronomie, les progrès des sciences physiques et ceux de la chimie, qui semblent surpasser nos espérances, le zèle et l'émulation qui animent dans ce moment un plus grand nombre de personnes qui dirigent leurs études et leur application vers les sciences naturelles, ne peuvent que leur donner la plus heureuse et la plus favorable impulsion.

En parcourant avec vous, Messieurs, les bases fondamentales et les matériaux divers destinés à l'édifice de la géologie, je ferai, je le répète, mes efforts pour les disposer dans un ordre résultant d'une longue expérience, tel enfin qu'il puisse suppléer en partie à ce qui me manque de talent, et que cette expérience m'a fait reconnaître comme le moins difficile, le plus naturel et le plus simple. J'emploîrai tout mon zèle pour dégager la science, autant qu'il me sera possible, de ces nomenclatures défectueuses, obscures, dégoûtantes, sans cesse repoussées, sans cesse renaissantes, qui frappent de stérilité les beautés et les trésors de la nature, et sont les sinistres avant-coureurs de la décadence des lumières; appréhension malheureusement trop fondée, qui a fait dire publiquement à un homme d'un talent et d'un esprit très-distingués; *que les mots ne signifient plus à présent les choses.*

De savantes recherches, successivement faites à des époques très-anciennes, donneront lieu à l'étude de divers systèmes dont quelques-uns ont traversé les siècles et sont parvenus jusqu'à nous, tandis que d'autres nous ont été transmis par des historiens plus ou moins instruits, quelquefois même par les poëtes, tels qu'Hésiode, Ovide, Lucrèce; ce qui prouve combien était généralement répandu ce genre de recherches et d'instruction, qui avait occupé jusqu'alors un si grand nombre de bons esprits.

Ce même goût se soutint dans des temps postérieurs et fut propagé de proche en proche jusqu'à nous, en donnant naissance par intervalles à des systèmes qui ne sont pas toujours à dédaigner.

Enfin arriva l'époque où Buffon parut et éleva son vol plus haut, planant en quelque sorte au-dessus des autres systèmes, s'y soutenant d'une manière forte et hardie, et se frayant des routes nouvelles.

Cet étonnant et vaste génie fit une impression si puissante sur l'esprit de son siècle, tant par ses grandes vues que par sa noble et élégante manière de les exprimer, qu'il rendit le goût des sciences naturelles pour ainsi dire universel. L'Europe éprouvait alors le bonheur ineffable de la paix; la France était heureuse et florissante; les lettres, les sciences et les arts y étaient en grand honneur; l'histoire naturelle entra dès-lors comme élément dans l'instruction; des voyages de long cours furent ordonnés pour son avancement; de riches et nombreuses collections se formèrent dans plusieurs provinces et surtout dans la capitale, qui dut ses agrandissemens, ses premières richesses en ce genre, et la réputation dont elle jouit sous ce rapport dans toutes les parties du monde savant, à l'éclat du nom de Buffon et à l'empressement universel d'en augmenter les trésors. Ce goût depuis lors s'est soutenu partout, et on le doit de même à ce savant véritablement illustre.

Si la reconnaissance publique se plaît encore à rendre hommage à ce sublime historien de la nature, cependant on a vu dans ces derniers temps quelques esprits inquiets, naturellement détracteurs, plus avides d'ambition et de renommée que de science, attaquer sans égards, sans respect, les opinions de l'auteur des Époques de la nature; mais un cri général ne tarda pas à étouffer ces clameurs de l'envie. Était-il juste en effet de reprocher à Buffon quelques erreurs de son siècle, mises au jour par des découvertes postérieures, découvertes que la force de son génie lui avait, en quelque sorte, fait pressentir?

Au surplus, les bons systèmes, et ceux-là seuls méritent ce nom, qui ont pour base des connaissances nombreuses et approfondies, dont une main habile et exercée a su tirer parti, sont très-propres, sous bien des rapports, à répandre de grandes lumières sur les sciences et à les tenir dans une perpétuelle activité.

En effet ces systèmes sont-ils attaqués par des savans, qui ont un intérêt plus ou moins noble à les combattre, ceux-ci ne peuvent, sous peine de dérision ou d'imprudence, se présenter dans l'arène qu'avec des armes à peu près égales, et cette lutte, en exerçant l'esprit à de savantes discussions, en fait quelquefois jaillir des étincelles qui éclairent et font entrevoir de nouvelles et utiles vérités.

Si, d'autre part, on aime à suivre pas à pas la marche et la filiation de ces systèmes qui ont joui dans tous les temps d'une haute célébrité, on voit bientôt se développer le tableau le plus instructif des connaissances humaines : l'on aperçoit leur marche lente et progressive, les routes différentes qu'elles ont pu s'ouvrir, les causes de leurs succès, les chocs qu'elles éprouvent, ou leur entière destruction dans telle ou telle partie du monde ; mais, en dernière analyse, on aura toujours pour résultats certains, que la décadence des lumières se lie nécessairement à celle des empires, et que leur extinction totale tient à l'horrible fléau de la guerre, qui finit toujours par tout engloutir.

Un troisième avantage, qui est en quelque sorte inséparable des systèmes scientifiques, est celui qui tient à ce que ceux-ci une fois appuyés sur des bases qui ont pu résister aux atteintes du temps, et sur plusieurs faits confirmés par de fréquentes observations, ou rigoureusement démontrés par les calculs, deviennent un dépôt précieux des connaissances acquises, qu'il ne s'agit plus que de conserver pour l'avenir, afin de préserver la raison des égaremens et des dangers de l'ignorance.

En parlant ainsi, Messieurs, de l'intérêt et même de l'utilité que peuvent présenter les systèmes, particulièrement ceux qui ont un rapport plus direct avec les lois générales de la nature, je suis bien éloigné de vouloir diriger vos pensées vers l'étude des théories, de préférence à celle des faits; loin de moi une telle pensée; j'ai cherché seulement à vous faire voir que ces faits, qu'il est indispensable de bien connaître, deviendraient absolument stériles, si, comme le veulent quelques hommes, il fallait se tenir strictement dans l'enceinte qu'ils forment autour de nous, sans se permettre d'en sortir; erreur très-préjudiciable, sans doute, qui bornerait les sciences naturelles à d'insignifiantes collections et à la seule disposition mécanique de leur arrangement.

C'est au génie seul qu'il appartient de s'emparer des résultats de tant de faits, pour imprimer à leur témoignage ce mouvement de vie et de vérité qui doit honorer à jamais les sciences.

Si l'homme, dit le plus profond et le plus savant de nos géomètres, *se fût toujours borné à recueillir des faits, les sciences ne seraient qu'une stérile nomenclature, et l'on n'aurait jamais connu les grandes lois de la nature* (1).

---

(1) Laplace, *Système du monde*, livre II.

NOTICE BIBLIOGRAPHIQUE

RELATIVE AUX OUVRAGES PUBLIÉS

Par Barthélemy FAUJAS DE SAINT-FOND,

FROFESSEUR AU MUSÉUM,

EN 43 ANNÉES, DE 1776 A 1818,
SOUS LES N.ᵒˢ 1 à . . . . 48.

DES manuscrits, au nombre de 5,
sont restés inédits : la notice s'en trouve,
sous les N.ᵒˢ 49 à 53, à la suite de celle
des ouvrages publiés.

TOTAL des ouvrages de l'auteur. . . 53.

NOTICE BIBLIOGRAPHIQUE

RELATIVE AUX OUVRAGES PUBLIÉS

PAR BARTHÉLEMY FAUJAS DE SAINT-FOND.

1.º MÉMOIRE sur des bois de cerf fossiles trouvés en 1775 dans les environs de Montélimar, à 14 pieds de profondeur. — *Petit in-4.º, avec figures en couleur, Paris, Ruault, libraire, 1776, 1 volume.*

Cet ouvrage, qui n'a été tiré qu'à un petit nombre d'exemplaires, ne se trouve que difficilement.

2.º ŒUVRES de Bernard Palissy, revues sur les exemplaires de la bibliothèque du Roi. — *Paris, Ruault, libraire, 1777, in-4.º, 1 volume, avec des notes.*

Cette nouvelle édition d'un livre rare et curieux fut publiée par M. Faujas, qui y fit des sommaires à la tête de chaque traité, ainsi que des notes. Un sieur Gobet, ami de Ruault, y inséra pendant l'absence de M. Faujas, et sans son agrément, des notes bibliographiques, dans lesquelles il y a quelques erreurs, ainsi que quelques notes critiques contre Voltaire et d'Alembert. M. Faujas fit des réclamations à ce sujet auprès de M. le Camus de Néville, directeur de la librairie, et demanda la suppression entière de toutes les notes de Gobet; mais le libraire, à qui il en aurait coûté beaucoup d'argent pour refondre son édition, proposa à M. de Néville d'insérer à la tête de l'ouvrage que M. Faujas n'avait pris aucune part aux notes de Gobet, et qu'il ne les approuvait en aucune manière.

Ce Gobet devint fou environ un an après, et fut renfermé à Charenton, où il mourut presque aussitôt.

3.º RECHERCHES sur les volcans éteints du Vivarais et du Velay, avec un discours sur les volcans brûlans; des mémoires analytiques sur les schorls, la zéolithe, les basaltes, etc. — *Paris, Nyon aîné, libraire, rue Saint-Jean de Beauvais, 1778, in-folio, 1 volume, avec 20 belles planches dessinées d'après nature et gravées avec beaucoup de soin.*

Les exemplaires de cet ouvrage avec de belles épreuves ne sont point communs, et on ne les trouve que dans les ventes des bonnes bibliothèques particulières ; car ce livre ayant eu beaucoup de cours, les planches furent épuisées par de trop nombreux tirages ; c'est pourquoi il y a des exemplaires dont les planches sont trop faibles, soit qu'il y ait eu des contrefaçons du livre, ou que le libraire ait tout fait tirer en trop grand nombre d'exemplaires, sans faire retoucher les cuivres : c'est ce qu'il faut rechercher pour avoir des exemplaires de choix.

4.º Mémoire sur la manière de reconnaître les différentes espèces de pouzolane et de les employer dans les constructions sous l'eau et hors de l'eau. — *Paris, Nyon, libraire, rue Saint-Jean de Beauvais, 1780, in-8.º, figures, 1 volume.*

Il ne faut pas confondre cette édition, la seule véritable et qui est devenue très-rare, avec une édition antérieure de même format, publiée en 1778, qui n'est qu'une copie d'un mémoire sur la pouzolane, tiré du grand ouvrage sur les volcans du Vivarais et du Velay, tandis que l'édition de 1780 est un ouvrage entièrement refondu, spécialement consacré à l'art d'employer avec le plus grand avantage cette terre, qui est le produit des volcans, dans tous les genres de constructions hydrauliques, ainsi que dans tous les ouvrages hors de l'eau.

5.º Histoire naturelle de la province de Dauphiné. — *1781, in-8.º, figures, 1 volume.*

6.º Description des expériences de la machine aérostatique de MM. Montgolfier et de celles auxquelles cette découverte a donné lieu, ouvrage orné d'un grand nombre de planches. — *Paris, Cuchet, libraire, rue et hôtel Serpente, 1783, in-8.º, 2 volumes.*

7.º Minéralogie des volcans, ou description de toutes les substances produites ou rejetées par les feux souterrains. — *Paris, Cuchet, libraire, rue et hôtel Serpente, 1784, in-8.º, figures, 1 volume.*

8.º Essai sur l'histoire naturelle des roches de trapp, avec leurs analyses et des recherches sur leurs caractères distinctifs. — *Paris, Cuchet, libraire, rue et hôtel Serpente, 1788, in-12, 1 volume.*

9.º Voyage en Angleterre, en Écosse et aux Iles Hébrides, où l'on trouve la description détaillée de la grotte de Fingal, à l'île de Staffa. — *Paris, Jansen, imprimeur-libraire, 1797, 2 volumes in-8.º, figures.*

Il en a été tiré un petit nombre d'exemplaires de format in-4.º, qui sont rares.

10.º HISTOIRE naturelle de la montagne de Saint-Pierre de Maestricht. — *Paris, Jansen, imprimeur-libraire, rue des Saint-Pères, grand in-4.º, papier fort nom de Jésus, avec* 54 *planches dont plusieurs doubles, gravées par les meilleurs artistes,* 1798, 1 *volume.*

Il en a été tiré cent exemplaires, grand in-folio, papier velin d'Annonay, remaniés et recomposés ; les planches tirées sur même papier velin de premières épreuves. Les exemplaires de ce format sont très-recherchés pour les grandes bibliothèques, et ne se retrouvent que rarement dans les ventes.

11.º ESSAI de géologie, ou Mémoires pour servir à l'histoire naturelle du globe. — *In-8.º, avec un très-grand nombre de figures, dont quelques-unes en couleur, Paris, Dufour, libraire, rue de Sèvres, en face du palais du Luxembourg,* 1803 *et* 1809, 3 *volumes.*

Il en a été tiré cinquante exemplaires sur papier velin.

Courte analyse de cet ouvrage.

Le premier volume traite des coquilles, des madrépores, des poissons, des tortues, des crocodiles, des quadrupèdes fossiles, des empreintes de plantes, des bois siliceux, agathisés, jaspés, ferrugineux, pyriteux, des différentes mines de charbon de terre, etc., avec 18 planches en taille douce.

Le deuxième volume est relatif aux minéraux et aux métaux considérés géologiquement et sous le rapport de leurs principes constitutifs. On y traite des grandes montagnes granitiques, porphiritiques, quartzeuses, micacées, magnésiennes, calcaires, argilo-calcaires, des minéraux, classés systématiquement, que ces diverses montagnes renferment, distribués d'après la méthode naturelle et d'après leurs gissemens.

Ce volume traite des métaux considérés d'après la disposition de leurs molécules, d'après leur pesanteur, leurs propriétés, leur nombre, leur mélange, leur gangue ; avec quelques vues sur leur formation. Ce volume est enrichi de cinq gravures en couleur, dessinées avec une exactitude, un art et une vérité qui ne sauraient être portés plus loin.

Le troisième volume est entièrement consacré à l'histoire naturelle des volcans, et forme une minéralogie complette et nouvelle de cette partie des sciences naturelles, si nécessaires à la géologie et si propres à répandre d'utiles lumières sur les grands incendies souterrains qui ont donné lieu à tant de terribles commotions, à tant de destructions et à des combinaisons chimiques si nombreuses, si variées et souvent si singulières, que sans les grandes recherches comparatives, faites avec constance, entre les productions de ces antiques et nombreux volcans éteints, avec ceux qui sont encore en activité , il n'eût jamais été possible d'obtenir la certitude, qui maintenant existe , de leur identité parfaite : elle est prouvée de manière à repousser toute contestation à cet égard.

Les gravures en taille douce qui accompagnent ce volume, sont au nombre de , relatives à la représentation des objets les plus instructifs et les plus remarquables en ce genre de connaissances naturelles.

Il a été tiré à part soixante exemplaires et pas un de plus.

12.º Histoire naturelle des roches de trapp , considérée sous le rapport de la géologie et de la minéralogie. Seconde édition, entièrement refondue. — *Paris, Dufour , libraire, rue de Sèvres , en face du Luxembourg , 1813, in-8.º, avec une planche , 1 volume.*

Mémoires particuliers , insérés dans les Annales et les Mémoires du muséum d'histoire naturelle.

13.º Mémoire sur le trals ou tuffa volcanique des environs d'Andernach. — *Douze pages in-4.º , avec une planche représentant une de ces carrières en exploitation. Annales , tome 1 , page 15 , 1802.*

14.º Description des carrières souterraines et volcaniques de Nieder-Mennich, à trois lieues d'Andernach , d'où l'on tire des laves poreuses , propres à faire d'excellentes meules de moulin. — *Annales , avec trois planches , tome 1 , page 181 , en 13 pages.*

15.º Mémoire sur le caoutchouc , ou bitume élastique du Derbischire. — *Annales , tome 1 , page 161 , en 12 pages.*

16.º Mémoire sur un poisson fossile, trouvé dans une carrière de Nanterre, près Paris. — *Annales , tome 1 , page 353 , avec une planche , en 4 pages.*

17.º Description des mines de tuffa des environs de Bruhl et de Liblard, connues sous la dénomination impropre de terre brune de Cologne. — *Annales , tome 1 , page 445 , avec 5 planches , dont une triple , en 18 pages.*

18.º Mémoire sur une défense fossile d'éléphant, trouvée à 5 pieds de profondeur dans un tuffa volcanique de la commune de Darbre ; département de l'Ardèche. — *Annales , tome 2 , page 23 , avec une gravure en couleur , 5 pages.*

19.º MÉMOIRE sur une grosse dent de requin et sur un écusson fossile de tortue, trouvés dans les environs de Paris. — *Annales, tome 2, page 103, avec une planche coloriée, 7 pages.*

20.º MÉMOIRE sur deux espèces de bœufs dont on trouve les crânes fossiles en Allemagne, en France, en Angleterre, dans le nord de l'Amérique et dans plusieurs autres contrées. — *Annales, tome 2, page 188, avec 2 planches,* 13 *pages.*

21.º NOTICE sur des plantes fossiles de diverses espèces, qu'on trouve dans des couches fissiles d'un schiste marneux, recouvert par des laves, dans les environs de Rochesauve, département de l'Ardèche. — *Annales, tome 2, page* 339, *avec 2 planches, 6 pages.*

22.º MÉMOIRE sur quelques fossiles rares de Vestena-Nova, dans le Véronais, qui n'ont pas été décrits, et que M. de Gazola a donnés au muséum d'histoire naturelle. — *Annales, tome 3, page 18, avec une planche, 7 pages.*

23.º ESSAI de classification des produits volcaniques, ou prodrome de leur arrangement méthodique. — *Annales, tome 3, page 85, 16 pages.*

24.º NOTICE sur un essai de culture de la patate de Philadelphie dans les environs de Paris. — *Annales, tome 5, page 58, 6 pages.*

25.º DE LA PRÉLINITE, désignée sous le nom de zéolithe cuivreuse du Duché des Deux-Ponts; de la roche qui lui sert de gangue, et du lieu où l'on peut la trouver. — *Annales, tome 5, page 71, 2 pages.*

26.º VOYAGE géologique depuis Mayence jusqu'à Oberstein, par Creutznach, Martein-Stein et Kirn. — *Annales, tome 5, page 293, avec 3 planches,* 23 *pages.*

27.º NOUVELLE classification des produits volcaniques. — *Annales, tome 5, page 325, en 24 pages.*

28.º VOYAGE géologique à Oberstein. — Minéralogie du lieu et des environs. — Description du travail des agates, etc. — *Annales, tome 6, page 53, avec* 2 *planches, 28 pages.*

29.º VOYAGE géologique au volcan éteint de Beaulieu, département des Bouches-du-Rhône, où l'on trouve de grandes quantités de laves compactes et de laves poreuses, au milieu de dépôts calcaires. — *Annales, tome 8, page 206, 4 pages.*

30.º Notice sur le gissement des poissons fossiles et sur les empreintes de plantes d'une des carrières à plâtre des environs d'Aix, département des Bouches-du-Rhône. — *Annales*, *tome* 8, *page* 220, 7 *pages.*

31.º Voyage géologique sur le Monte-Ramazzo, dans les Apennins de la Ligurie. — Description de cette montagne. — Découverte de la véritable variolite en place, de son gissement, du calcaire de l'arragonite, des pyrites martiales, magnétiques, cuivreuses et arsénicales dans la roche stéatitique. — Fabrique de sulfate de magnésie. — *Annales*, *tome* 8, *page* 313, 21 *pages.*

32.º Lettre à M. de Lacépède sur les poissons fossiles du golfe de la Spezzia et de la mer de Gênes. — *Annales*, *tome* 8, *page* 365, 7 *pages.*

33.º Des coquilles fossiles des environs de Mayence. — *Annales*, *tome* 8, *page* 372, *avec une planche*, 11 *pages.*

34.º Notice sur la madréporite à odeur de truffe noire, de Monteviale, dans le Vicentin. — *Annales*, *tome* 9, *page* 224, 8 *pages.*

35.º Notice sur une portion de tronc de palmier, trouvée à 60 pieds de profondeur, au milieu d'un tuffa ou brèche volcanique de Montechio-Maggiore, dans le Vicentin. — *Annales*, *tome* 9, *page* 388, 4 *pages.*

36.º Description géologique des brèches coquillières et osseuses du rocher de Nice, de la montagne de Montalban, de celle de Cimiés et de Villefranche. — Observation critique sur le clou de cuivre que Sulzer dit avoir trouvé dans l'intérieur d'un bloc de pierre calcaire dure de Nice, et que divers naturalistes ont cité d'après ce qu'en avait dit l'académicien de Berlin. — *Annales*, *tome* 10, *page* 409, 18 *pages.*

37.º Notice sur la surcolithe de Montechio-Maggiore et de Castel. — *Annales*, *tome* 11, *page* 42, 5 *pages.*

38.º Notice sur une espèce de charbon fossile nouvellement découvert dans le territoire de Naples. — *Annales*, *tome* 11, *page* 144, 6 *pages.*

39.º Voyage géologique de Nice à Menton, Vintimille, Port-Maurice, Noli, Savone, Voltri et Gênes, par la route de la Corniche. — *Annales*, *tome* 11, *page* 189, 37 *pages.*

40.º Mémoire sur un nouveau genre de coquilles bivalves. — *Annales*, *tome* 11, *page* 189, 9 *pages.*

41.º NOTICE sur une mine de charbon fossile du département du Gard, dans laquelle on trouve du succin et des coquilles marines. — *Annales, tome* 14, *page* 314, 11 *pages.*

42.º NOTICE sur le piquant ou l'aiguillon pétrifié d'un poisson du genre des raies, et sur l'os maxillaire d'un quadrupède trouvé dans une carrière des environs de Montpellier; précédée de quelques observations sur les corps organisés fossiles ou pétrifiés qu'on trouve dans les environs de cette ville. — *Annales, tome* 14, *page* 376, *avec une planche*, 8 *pages.*

43.º ADDITION au mémoire sur les coquilles fossiles des carrières des environs de Mayence. — *Annales, tome* 15, *page* 142, *avec une planche*, 12 *pages.*

44.º MÉMOIRE sur le phormium tenax, improprement appelé lin de la nouvelle Zélande. — *Annales, tome* 19, *page* 401, *avec une planche*, 30 *pages.*

45.º MÉMOIRE sur les roches de trapp. — *Annales, tome* 19, *page* 471, *avec une planche*, 44 *pages.*

46.º HISTOIRE naturelle de diverses substances minérales siliceuses, passées à l'état de pichstein ou pierre de poix, par l'action des feux souterrains. — *Mémoires du muséum, tome   , page   ,* 36 *pages.*

47.º DES ÉMAUX, des verres et des pierres-ponces. — Des volcans brûlans et des volcans éteints. — *Mémoires du muséum, tome   , page   ,* 36 *pages.*

48.º NOTICE sur les plantes fossiles renfermées dans un schiste marneux des environs de Chomérac, département de l'Ardèche. — *Mémoires du muséum, tome   , page   , avec   planches,* 18 *pages.*

<hr>

1818.

ÉCRITS INÉDITS.

1.º LES DISCOURS et leçons de géologie pendant plusieurs années.

2.º RECHERCHES sur la fontaine de Vaucluse; sur celle d'Arqua; sur Laure et Pétrarque; *avec cartes et figures.*

3.º ESSAI sur le passage du Rhône et sur celui des Alpes par Annibal.

4.º Essai sur des objets antiques situés en Vivarais et en Dauphiné.

5.º Mémoire sur les vers à soie. *Ce mémoire sera donné au public par l'auteur de l'Essai sur la vie, les opinions et les ouvrages de Barthélemy Faujas.*

Nota. Barthélemy Faujas avait consacré nombre d'observations et fait une étude particulière sur les vers à soie. Convaincu que la théorie de l'air et de la chaleur formait la principale branche de l'éducation de ces insectes , il avait voulu en faire un traité précis , solidement appuyé sur une théorie savante mise à la portée des propriétaires agriculteurs , et appliquée à une pratique bien dirigée. Cette théorie de l'air et de la chaleur, si importante à l'existence des vers à soie, est digne d'éloges et contient des principes d'un grand mérite.

Mais en ce qui concerne les soins pratiques , Barthélemy Faujas voulut être aidé par les fruits de l'expérience éclairée, couronnée par des succès.

Il jeta les yeux autour de lui , et il ne douta pas d'avoir résolu cette difficulté, en s'adressant à quelqu'un qui depuis *trente ans* pratique avec un succès soutenu l'éducation des vers à soie ; il s'adjoignit Madame Freycinet née Armand , et disait en riant : « Une mère de famille qui a formé le cœur et l'esprit de quatre fils , distingués dans les hautes sciences , doit être unique pour donner la meilleure méthode pratique dans un objet d'économie agricole qu'elle a étudié avec discernement. »